U0190716

全国高等教育环境设计专业示范教材

形 态 与 空 间 造 型

韦 爽 真 王 娴 / 编 著

MODELLING OF SPACE FORM

重庆大学出版社

图书在版编目（CIP）数据

形态与空间造型/韦爽真，王娴编著. —重庆：重庆大学出版社，2015.1（2021.2重印）

全国高等教育环境设计专业示范教材

ISBN 978-7-5624-8488-2

Ⅰ.①形…　Ⅱ.①韦…②王…　Ⅲ.①环境设计—高等学校—教材　Ⅳ.①TU-856

中国版本图书馆CIP数据核字（2014）第178551号

全国高等教育环境设计专业示范教材

形态与空间造型 韦爽真　王娴　编著

XINGTAI YU KONGJIAN ZAOXING

策划编辑：周　晓

责任编辑：李桂英　　版式设计：汪　泳

责任校对：贾　梅　　责任印制：赵　晟

重庆大学出版社出版发行

出版人：饶帮华

社　址：重庆市沙坪坝区大学城西路21号

邮　编：401331

电　话：（023）88617190　88617185（中小学）

传　真：（023）88617186　88617166

网　址：http://www.cqup.com.cn

邮　箱：fxk@cqup.com.cn（营销中心）

全国新华书店经销

重庆长虹印务有限公司印刷

开本：787mm×1092mm　1/16　印张：6.25　字数：170千

2015年1月第1版　　2021年2月第2次印刷

印数：5 001—6 500

ISBN 978-7-5624-8488-2　　定价：48.00元

前　言

　　形态与空间造型是自有建筑理论研究以来，建筑设计师愿意投入精力研究的领域。

　　空间，有幽闭、有明快、有隐晦、有敞亮，也有迂回曲折、开门见山；有传统园林对空间的运筹帷幄，也有现代主义对序列理性的无限追求。

　　形态，包含从建筑的表皮材料到结构样式，从室内空间的多样面貌、个性情绪再到景观中人工与自然的不同运用。其中，设计手法与主张包罗万千，让热爱设计的人们不知疲倦地玩味其中。这方面的知识可以说汗牛充栋，多如繁星。然而，更让我们唏嘘的是时代惊人的前进脚步，各种视觉化、网络化的信息技术，更让人目不暇接。那么，面对这些海量信息，在以建筑学为核心，城乡规划、风景园林为外延的三个一级学科的背景下，怎样获得最佳的审视角度，怎样帮助学生在面对这一系列问题的时候有一个切入途径和方法呢？

　　形式与空间的思维能力和图形辨别能力，是设计师必备的基础技能与常识。它通常包含两个方面：一是形式的敏感性；二是空间的敏感性。对于这方面的理论梳理是一项艰巨的工作，难点在于一方面内容庞杂，另一方面系统的建构。

　　为了顺应时代和学科的发展，本书涵盖了建筑类学科几个方向的研究内容：形式构成基础、空间的基本类型和形式与空间的关系这三个方面的基础理论，以及建筑、园林景观、室内设计的分解应用。为了更为直观地建立视觉图像，锻炼同学们的视觉思维，本书还着重用手绘图解的方式进行了解读，这样更加具有可读性。

　　为了便于教学，本书还设置了引导教学的思考题以及拓展训练。

编　者

2014年10月

目　录

1 形态的基本知识

1.1 形态的基本概念

　　形是客观物体呈现出的外在特征，主要是由人的视觉所感受到物体的客观物质属性，是人类认知物体的开端。对设计而言，形态是形与设计思维的产物。设计师依据对形的理解，运用组织与构成的法则，创造出各具特色的空间形态。形态主要分为三大类，即自然类、建筑类、生活类。

形态的分类

生活类	

1.2　形态的基本要素

点、线、面、体是构成形态的基本元素，它们都是对客观事物抽象性的定义，包括平面形态和空间形态。

点表示空间中的一个位置，一个点延伸变成一条线，一条线展开变成一个面，一个面展开变成一个体。

本书集中探讨以建筑为核心的各类空间，包括建筑、园林、室内环境中的形态特征。

形态的基本要素

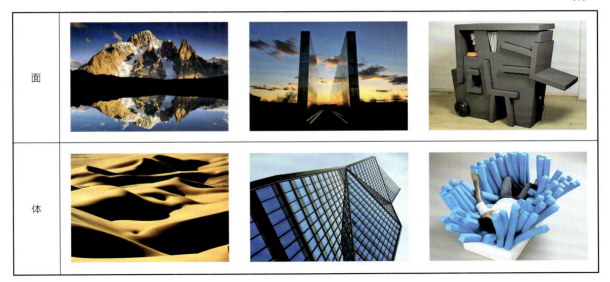

1.2.1 点

　　点是最基本的元素，万物的开端，任何事物、任何形态都可以抽象为点，因此点是具有相对性的。一个点标出了空间中的一个位置，从概念上讲，它没有长、宽或深，因而是静态的、集中性的，而且是无方向的。

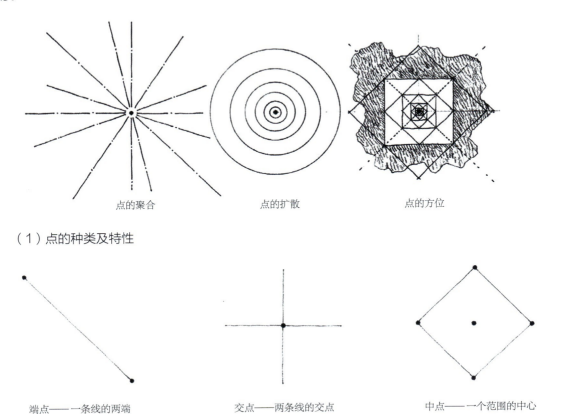

点的聚合　　　　　　　　　点的扩散　　　　　　　　　点的方位

（1）点的种类及特性

端点——一条线的两端　　　　交点——两条线的交点　　　　中点——一个范围的中心

（2）点的空间表现

作为定位的点 不论在二维还是三维空间中，点的位置都能让人的视觉产生定位感，使点具有方向性。	  
作为标识的点 点在空间里或地平面上如果要明显地标出位置，必须把点投影成一个垂直的线要素，如一根柱子、方尖碑或塔。应该注意，一个柱状要素，在平面上是被看作一个点的，因此保持着点的视觉特征。	  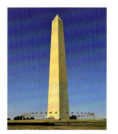
作为凝聚的点 点可以单一地作为形态元素出现，也可以按照一定的数理结构排列，或以群体的结构方式呈现，从而形成具有独特空间形态的虚线和虚面。	  
作为点缀的点 点，因其形态上的特征，在空间中经常起到画龙点睛的作用。这里运用点的造型特性以及色彩的差异性，将点作为空间中的重要点缀元素。	  

（3）点的心理感受

点在空间中给人造成的心理影响是非常大的，也是很微妙的。我们要善于发现并利用这种影响。

中心 当点存在于某环境，并位于一个范围内的中心时，有静态感、无方向感。	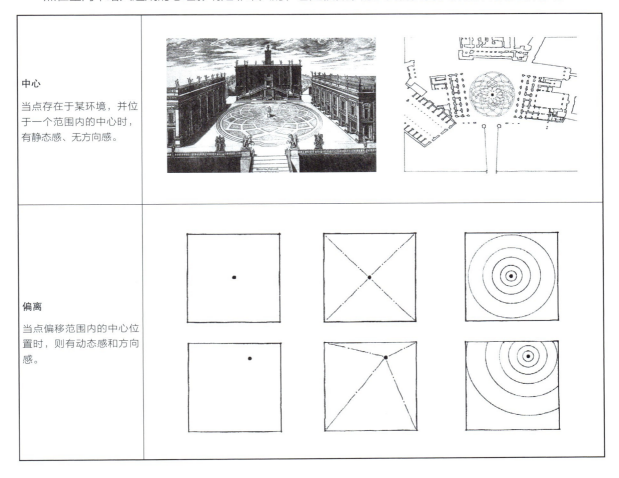
偏离 当点偏移范围内的中心位置时，则有动态感和方向感。	

1.2.2　线

线是点运动的轨迹，运动是线的重要特征。

（1）线的种类及特性

直线的种类及特性

垂直线 垂直的线条具有简洁、上升和庄重的特征。在空间中，垂直方向的线条具有较强的力量感与支撑感。		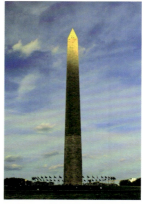	
水平线 相对于垂直的线条而言，水平方向的线条让人觉得稳定、扩张和宁静。			
斜线 倾斜的线条是直线中最具感动和活力的线。它们的存在打破了空间的宁静，能让人体会到活跃、变幻的空间感受。			

曲线的种类及特性

自由曲线 自由曲线是最流畅、最抒情的线段，自由挥洒，随意且自然，让人体验到空间中的流动感。			
折线 折线是空间中最具个性的线段，坚硬、力度强劲，在情感上容易给人不稳定感和破碎感。	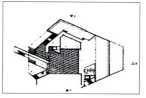		

（2）线的空间表现

线在空间中表现为轮廓、路径和分隔。增强空间的节奏感，赋予空间动态和表情，是空间造型有力的手段。

作为轮廓的线 外形的线要素能给人整体完整的感受，外轮廓线是物体特征的重要表现。	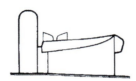  
作为路径的线 道路的曲折形成多变丰富的空间感受，是空间线性化的重要方式。	  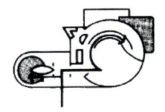
作为分隔的线 分隔的线划分了空间与面积，形成整体与局部的关系。	 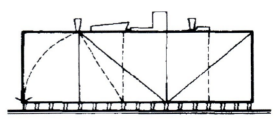

（3）线的心理感受

一条线的方位或方向在视觉感受方面起着较大的作用。垂直线给人重力感、平衡感，水平线给人稳定感，斜线给人动态感，曲线则给人张力感和运动感。

重力感	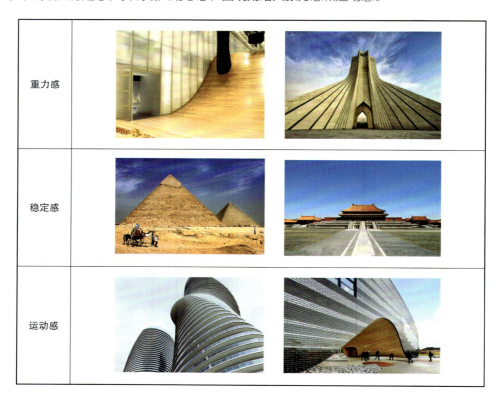	
稳定感		
运动感		

1.2.3　面

形态中的面从面积和体量上都是巨大的，几乎起到对空间决定性的作用，形态也非常的丰富。

（1）面的种类及特性

矩形 双重对称轴形成稳固坚定及纯正的理性特征。正方形处于水平垂直状态时，是非常稳定的；作倾斜状时，形成动势，使空间活跃。		
三角形 平放的三角形非常稳定，以一点支撑的三角形会产生极不安定的紧张感，而角度尖锐的三角形会造成紧张强烈的方向感。		

圆形 圆形是最平衡的曲线形，多面形的终极，具有向心集中和流动等视觉特征，是完整和圆满的象征。		
有机形 表现自然界有机体旺盛的生命力，用流动的曲线构成具有内在活力与温暖感的形态，能体现出个性与情感。		

（2）面的空间表现

作为体量的面 面的张力得到重复，充分发挥，密实，稳固。是空间中重量的表现。		
作为表情的面 面的形状丰富性得到体现，肌理、疏密、色彩都在彰显空间表情。		
作为分隔的面 利用面进行的空间分隔是设计中的常见手法。这时的面往往是空间中的分隔手段和装饰手段。		

（3）面的心理感受

由于面所具备的张力和重量，它带给人的心理感受是非常突出的。

量感 面积大小强对比：设计中，运用面积差异较大的面，可以在视觉上形成较强的对比关系，并由此形成独特的视觉美感。 面积大小弱对比与强对比相反，弱对比是由面积相当的面形成的构成关系，讲求的是视觉的协调与统一。	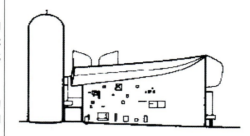 
范围感 一种范围感，它是由形成面的边界线所确定的。面的色彩、质感等要素也将影响到它在心理感受上的重量感和稳定感。	 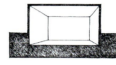 
轻重感 轻重感是最平衡的曲线形、多面形的终极，具有向心集中和流动等视觉特征，是完整和圆满的象征。	 

1.2.4 体

在几何学上，体具有三个量度，即长度、宽度、高度。在形态构成中，体可以看成是由点的角点、线的边界、面的界面共同组成的。

 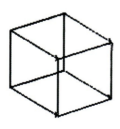 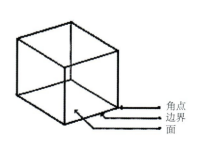

角点
边界
面

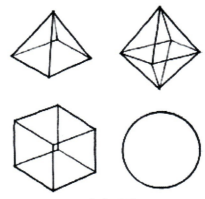

各种几何体

（1）体的种类及特性

点化体 与周边环境相比较小时，就形成了点的感觉。	 
线化体 体的长细比值较悬殊时，就形成了线的感觉。	 
面化体 体的形状较扁时，就形成了面的感觉。	 

（2）体的空间表现

由于面在三维形体上的灵活性，常伴随象征、几何化、虚化的空间表现。

作为象征性的体 体自身雕塑性的特征，成为空间的标志象征。		
作为几何化的体 几何堆砌，反映出几何的逻辑性、理性的空间表情。		
作为虚化的体 虚化的体没有太大的实用价值，但能利用体的三维特性表达特殊的空间表现。		

（3）体的心理感受

由完全充实的面围合的实体给人坚实感、封闭感；而由较多虚空的面围合而成的虚体则给人轻盈感和通透感。

坚实感	完整感	通透感

1.3　材质的形态

　　材料是实现空间创意的重要媒介。对设计师而言，其主要任务不是研制新型材料，而是怎样巧妙运用材料去实现创意，以及通过创意让普通材料大放异彩。

1.3.1　材料的分类

　　设计师的创意没有极限，也就没有什么材料不可以用来做创意设计，所以不能把传达空间的材料简单地理解成建筑材料或装饰材料，这里所作的材料分类只是为了便于研究，不是给传达空间的用材作限定。事实上，凡是能影响人的视觉和触觉的物质都能被设计师用来作创意设计。

材料的分类

依据原料	天然材料	金属类、木质类、砂石类、真皮类、草编类
	人造材料	合金类、人造板类、塑料类、玻璃类、布类、树脂类、陶瓷类、光纤类、复合材料
依据肌理	刺激性表面材料	有针刺状、锥状表面的金属、塑料、砂石、陶瓷，有毛刺的木材、粘手的塑胶、冰冷的金属
	中性表面材料	表面带有微砂、条纹、麻点、小球、孔眼、水纹状的金属、木材、塑料、石材、陶瓷、玻璃、粗纹皮（仿皮）
	柔和表面材料	布料、海绵、绒毛皮、绒毛布
	光滑表面材料	玻璃、光滑表面的金属、木材、石材、陶瓷
依据功效	透明与半透明、防水与不防水、绝缘与散热	
	遮光材料、荧光材料、自发光材料	
	宜承重与不宜承重材料、耐磨材料与非耐磨材料	
	硬性材料与柔性材料、易加工材料与不易加工材料	

1.3.2 材料的质感

材料的质感是材料自身的物理性质与其给人的生理感觉、心理感受相互结合的产物。如果单从人的生理感觉划分材质，又可分为触觉质感和视觉质感。

（1）触觉质感

在传达空间中，一种质感的产生主要依靠手的感觉，当然在一些有创意的传达空间现场，设计师会利用一些特别的手段加大材料与观众的接触面，如利用一些悬挂物抚摸观众的面部；利用座椅、靠背、台面、地板接触观众的臀部与背部、肘部、脚。确切地说，触觉质感是皮肤的感受，不仅仅指手的触摸。因而全方位地利用好皮肤的感觉，能让设计在质感方面获得更好的创意。

当然，触觉质感的产生是身心结合的感受，不完全是皮肤的体验。有时由于我们对某些材料有心理成见，当它们和我们的手、脚接触时，会有特别的异样感觉，比如当我们接触发红、发亮的材料时，会担心被烫伤；当我们踏在玻璃上面时，会担心它被踩碎。所有这些都会被设计师加以利用，通过设计一些特异的触觉体验装置，让观众在猎奇心理得到满足的同时，对空间留下深刻印象。

可能接触的人体部位	可能接触的空间部位	生理感受
手	把手、扶手、栏杆、门、可抚摸的展示物、表面、墙面、台面、靠背、链绳等	重量感、弹性、温度、吸汗程度、光洁度、干湿度、肌理形状与排列方向、硬度、黏度等
脚	地板、楼梯、踏板、门槛、地毯	弹性、硬度、黏度、肌理形状、纹理方向、光滑程度
背、臀部、肘、膝盖	凳、椅、椅背、墙、栏杆	弹性、硬度、黏度、光滑程度、温度

（2）视觉质感

　　由于视觉质感具有间接性，需结合视觉经验判断材质，这就产生了视觉质感的恒常性，就是人对眼睛所看的材质形成了思维定式。

　　材质的视觉恒常性的一般表现：看到色深、粗糙、沧桑的表面，会把它与石头、铁锈等联系在一起；看到光洁、反光的表面，会把它与金属合金、陶瓷等联系在一起；看到毛绒、细腻、色浅的表面，会认为它很轻盈；看到带毛刺的表面，会认为它会刺手，即使它是用软橡胶制成的；看到发光、橙红色的表面，会认为它温度高；看到带纹理的平整表面，会认为它摸上去也会有起伏感。

1.3.3　材料的性情

　　所谓材料的性情是指人们认知材料时的情感共鸣，即当人们见到某种材料或触及某种质感时所产生的共同心理感受。

和蔼可亲的木材

木材是经典的、传统的建筑材料，具有一定的坚硬度和韧性，具有恒定的手感温度。它的平民气质给人以亲切感和安全感。所以喜欢天人合一的中国古人把木材作为首选建材。另外，木材的自然气息更使它成为表现自然主题的首选。

沉稳高贵的石材

石材坚硬厚重，但略显冰冷，是非常男性化性格的一种材料。石材是一种非常传统的建筑材料，由于运输和加工的不方便，在使用周期较短的传达空间中较少使用。加工精良的石材一般用于小面积局部的空间设计，以显示沉稳高贵的品质。

玲珑清秀的玻璃

大多数时候使用玻璃最主要就是要利用它晶莹剔透的特性，因为透明，所以使视觉形象能够相互渗透却又不在视觉上破坏任何一方。透明性所暗示的不仅仅是一种视觉的特征，它暗示一种更广泛的空间秩序，也就是说透明性也意味着感知不同的空间位置。透明使时间和空间以一种非常特别的方式结合在一起，使前后关系以独特的方式融合成一体从而变得更加关联。而多种多样的玻璃品种和加工工艺，更丰富了空间艺术化表达的手法。

刚直不阿的金属 金属质地坚硬，具有良好的韧性和弹性，而且具有反光潜质。表面可以非常精致细腻，也可以十分粗犷豪放，是表现力非常丰富的材料，即便是生锈的金属也有一种特别的美感。	   
轻松随意的塑料 说它随意是针对塑料无条件的造型适应性而言的。现代化的合成材料使塑料有着丰富的种类，也有着丰富的性格，它可以是柔和的，可以是刚硬的，可以是坚韧的，也可以是温润光洁的，这取决于设计师对其的运用。	   
柔软多情的纤维 由于柔软、易于表现各种特殊的有机形态、有一定的透光性以及富于时尚和表现力等优势，纤维成为非常流行的材料。	   

1.4 色彩的形态

多媒体时代赋予设计师太多的造型语言去表现自己的创意。观众在传达空间中有80%以上的信息是通过视觉获得的。在视觉信息中，色彩是最先引起视觉注意的元素。色彩是传达空间给人的第一印象，没有一个好的色彩搭配，再好的创意也会黯然失色。

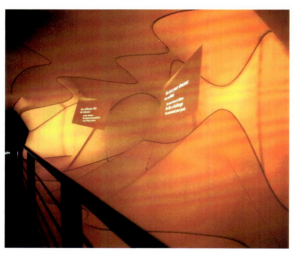

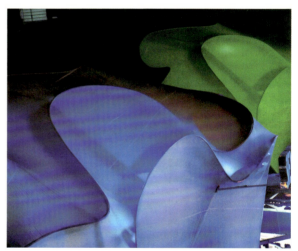

1.4.1 空间色彩的对比与协调

所谓色彩的对比与协调，是指色彩在色相、明度、纯度方面差异和统一的关系。在平面色彩设计中，要有两个以上色彩，才会有对比现象产生。而在空间中由于透视、肌理、光影的存在，使同样的颜色也能产生明度、纯度的对比。在空间色彩设计中，各个色相之间的对比程度、色彩之间是采用明度对比还是纯度对比都会得到截然不同的视觉效果。空间色彩设计的关键问题其实就是怎样解决好色彩的对比和协调之间的矛盾。

C	64	50	19	32	48
M	53	27	62	86	98
Y	2	96	92	100	100
K	0	0	0	1	21

C	32	66	12	19	18
M	68	62	16	42	81
Y	10	15	74	83	82
K	0	0	0	0	0

（1）色相协调

色相对比的强弱，可以从十二色相环上看出。色相的对比还有以下区别：首先是色相环上相邻两色的对比，色彩学上把相邻两色称为同类色，如橙红色和橙黄色，同类色的对比是色相对比的最弱一种对比；其次是在色相环上除同类色以外，90°以内的对比色彩，色彩学上把色相环上90°以内除同类色以外的色相称为邻近色，如柠檬黄和淡绿色，邻近色的对比强于同类色，但仍然很柔和；然后是色相环上与某一色彩在90°角以外，除180°位置上的色相称为对比色，这一区间的两色之间的对比视觉效果强烈、活泼、明快，如朱红和黄绿色；对比最强的要算是互补色，即在色相环上正好成180°对角的一对色彩的对比互补色的对比是色相对比中最强烈的，具有极其耀眼、眩目的视觉刺激作用。

（2）纯度协调

不同纯度的色彩并置在一起时，会产生鲜浊对比。由纯度对比所产生的结果必然呈现出纯度高的色彩更鲜艳，纯度低的色彩更灰浊。纯色给人的空间感觉是向眼前逼近，灰色则向远处后退。色彩的纯度越低，就越容易同其他色彩达成协调。

（3）明度协调

明度的对比就是色彩明暗程度的变化，一方面是不同色相的颜色并置在一起会有明度

C	76	54	52	21	67
M	67	26	28	16	62
Y	31	58	74	66	91
K	0	0	0	0	26

的对比。另一方面是同一色彩自身会有明度的对比会使亮色变得更亮，暗色变得更暗。色彩的层次和空间关系也主要是依靠明度对比来体现。由于光线是空间色彩的主宰，因此，在空间中明度与色彩对比的其他两种形式相比，依靠明度对比所述，色深搭配容易产生强烈的视觉效果，也比较容易达成协调，同时比较容易取得丰富的空间层次。一般空间的布光都不会只有很均匀的泛光，只要稍有光影变化，就会有明度变化。

（4）冷暖协调

以上所讲的色彩问题都和光、光与色彩、光与人的眼睛有关，可以概括为物理和生理的问题，而现在要说的色彩的冷暖则完全是人的心理问题。当我们看到橙色时，我们会联想到火焰、灯火、面包、太阳光等能给我们带来温暖的东西；而当看到蓝色时，则会联想到天空、大海、冰川，从而在我们心理上把所有颜色划分为暖色和冷色。一般来说，在十二色相环中，红、橙、黄等一系列的颜色，会明显地给人以温暖的感觉，所以称为暖色系列。蓝、紫色系列的颜色，会使人产生寒冷、凉爽的感觉，所以这一系列的颜色称为冷色系列。当然，这种冷暖也是相对的，比如黄色中的柠檬黄偏冷一些，中黄偏暖；红色系中，朱红偏暖，玫瑰红偏冷；蓝色系中，湖蓝偏暖，宝蓝偏冷。

1.4.2　空间色彩的调性

一个空间的色调是由在这个空间中占最大面积、起支配作用的色彩或色光所决定的。把复杂的空间形态统一在某种色调中会加强空间的整体感和凝聚力，不至于使各种空间元素显得杂乱无章。

依据空间布光的亮度和所用色彩的明度，我们大致可以把空间归纳为这样几种色调：

C	100	99	18	33	51
M	100	100	67	91	100
Y	53	59	95	100	100
K	0	19	0	1	34

高调	中调	低调
空间亮度高或以明度高的颜色为主的空间	空间亮度中等或以中明度的颜色为主的空间	空间亮度低或以低明度的颜色为主的空间

1.5　形态的审美

　　形式美的法则是人类在创造美的过程中，对美的形式规律的经验总结和抽象概括。掌握形式美的法则，能够使我们更自觉地运用形式美的法则表现美的内容，达到美的形式与美的内容高度统一。但形式美的法则不是凝固不变的，随着美的事物的发展，形式美的法则也在不断发展。形式美法则主要包括：和谐与对比，对称与均衡，节奏与韵律，比例与尺度等。

1.5.1　和谐与对比
和谐是指事物和现象的各方面相互调和与协调一致，在多样变化中求得统一。

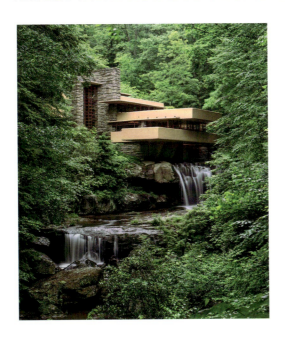

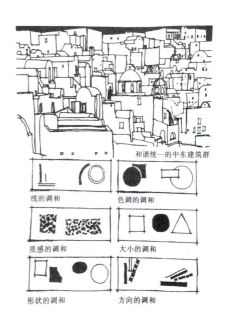

单独的一种颜色、单独的一根线条无所谓和谐，几种要素具有基本的共通性和融合性才称为和谐，比如一组协调的色块、一些排列有序的近似图形等。和谐的组合也保持部分的差异性，但当差异性表现得强烈和显著时，和谐的格局就向对比的格局转化。

　　对比是指两种事物或一种事物的两个方面相对比较。

　　对比只能在同因素的两种差别之间产生，如体量的大小对比、线形的曲直对比。同一因素差异程度比较大的条件下产生对比，差异程度小则表现为协调。对比强调差异以达到相互衬托彼此作用的目的。

巴西国会大厦的直与曲对比处理

萨伏伊别墅的虚实对比处理

1.5.2　对称与均衡

　　对称是指物体的两部分是对应的关系，就是所有属性包括大小、形状、排列等在外观上完全一致。

　　上下、左右对称，同形、同色、同质对称，被称为绝对对称；上下、左右相对平衡，形、色、质大体相似，被称为相对对称。自然界中大多数动植物形态为对称图形，如鸟类的羽翼、花木的叶子等。所以，对称的形态在视觉上有秩序、庄重、整齐，即和谐之美。

  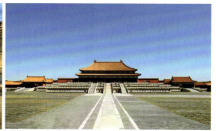

均衡是指在设计上是根据形象的大小、轻重、色彩及其他视觉要素的分布作用于视觉判断的平衡，构图上通常以视觉中心为支点，各构成要素以此支点保持视觉意义上的力度平衡，以同量不同形、色的组合取得画面的平衡状态。

均衡其实是另一种对称，它不是通过简单图案的量化对称实现平衡，而是通过画面不同的疏密留白等达到意象的和谐与平稳。大与小，多与少，疏与密，浅与深，黑与白等原本矛盾的要素，通过在两度空间的经营布局达到平衡。

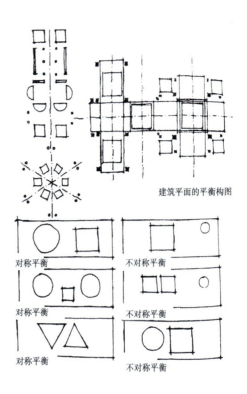

建筑平面的平衡构图

对称平衡　　　　　　不对称平衡

对称平衡　　　　　　不对称平衡

对称平衡　　　　　　不对称平衡

1.5.3　节奏与韵律

节奏是指在视觉范畴中，同一视觉要素连续重复时所产生的运动感。运用形、色、线、轮廓等的反复对比与呼应，以及构图或形象特征的动态化表现来显示其节奏。

韵律是指按一定的法则而变化的节奏，也就是不同的节奏有规律地连续伸展的整体感觉。韵律美按照其形式特点可分为几种不同的类型：

①连续的韵律：以一种或几种要素连续、重复地排列而成，各要素之间的关系恒定。

②渐变韵律：连续的要素在某一方面按照一定的秩序变化。

③起伏韵律：渐变按照一定的规律在量上时而增加，时而减少，具有不规则的节奏感，即为起伏 韵律。

④交错韵律：各组成部分按一定规律交织、穿插而成，各要素之间相互制约，一隐一现，表现出有组织的变化。

以上几种韵律都表现出节奏的特点，即有明显的条理性、重复性和连续性。韵律美在环境艺术设计中运用得极为广泛、普遍，甚至有人把建筑也比喻为"凝固的音乐"。

设计艺术中的韵律有多方面的表现，各种构成因素有规律地变化、有节奏地递增或递减、相互之间反复和呼应，都能够产生韵律。设计中的节奏之美，是点、线、面之间连续性、运动性、高低转换形式中的呈现，而韵律美则是一种有规律的变化，在内容上注入了思想感情色彩，使节奏美的艺术深化。因此，节奏与韵律是相辅相成、不可分割的两个部分。

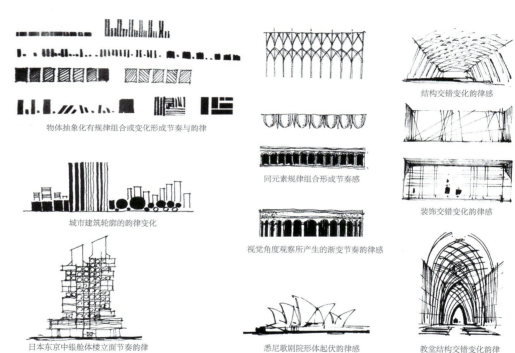

物体抽象化有规律组合或变化形成节奏与韵律

城市建筑轮廓的韵律变化

日本东京中银舱体楼立面节奏韵律

结构交错变化韵律感

同元素规律组合形成节奏感

视觉角度观察所产生的渐变节奏韵律感

装饰交错变化韵律感

悉尼歌剧院形体起伏韵律感

教堂结构交错变化韵律

1.5.4　比例与尺度

比例是指部分与部分或部分与全体之间的数量关系。

比例也是对美的秩序的量的规定，物本身内部各部分之间及其他事物之间的各要素的量的确定，应有恰当的比例关系，方能产生美感。恰当的比例则有一种协调的美感，成为形式美法则的重要内容。在空间造型艺术中，特定的比例关系或者标准的比例节奏会造成视觉的快感，在设计中，我们要灵活掌握

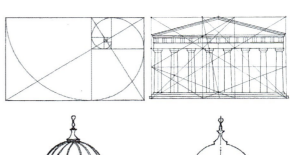

和运用一些常见的、具有代表性的比例关系和数列。设计中常用的比例关系和数列如下：黄金分割比、费勃那齐数列、等差数列、等比数列等。

尺度和比例是有机的相关体。

人们从物理上、生理上接受和认识大小不同的形体时都会产生心理上的反映，只要它体现出尺寸的合理性并富有美感，就会引起人们心理上的愉悦，这已成为人们审美的共识。尺度所研究的是空间整体或局部构件与人或人熟悉的物体之间的比例关系给人的感受。在空间设计中，尺度常与人或人体活动有关，如门、台阶、栏杆等作为比较标准，通过与它们的对比而获得一定的尺度感。

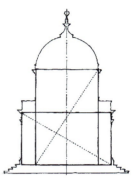

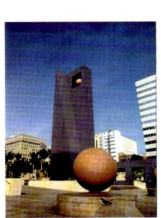

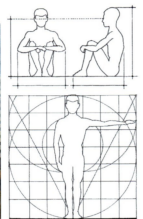

| **应用拓展** |

1.熟练掌握点、线、面、体等形态要素在空间中的表现和应用。

2.敏锐发现形态要素对心理感受的影响。

| **思考题** |

1.形态的审美从哪几个方面进行？

2.怎么理解形态中的材质与色彩？

2 空间的基本知识

2.1 空间的基本概念

我们从空间的定义、空间的本质、空间的构成要素三个方面来理解空间的概念。

2.1.1 空间的定义

"空间"（Space）对于人们来说，是个多义的概念。根据《辞海》解释，空间是指与时间相对的一种物质存在形式，表现为长度、宽度、高度。

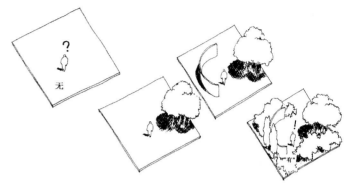

空间的产生：有与无

2.1.2 空间的本质

空间的本质在于其可用性，即空间的功能作用。一片空地，无参照尺度，就不成为空间，但是，一旦添加了空间实体进行围合便形成了空间，容纳是空间的基本属性。

地

墙

顶

构成空间的三要素

2.1.3 空间的构成要素

构成空间的三大要素：地、顶、墙。

地是空间的起点、基础，也是物体的承载基面，是构成空间的首要条件。

顶是为了遮挡而设，从物理功能上遮雨挡风，从心理上是对地面的呼应。

墙因地而立，或划分空间，或围合空间，是形成心理安全的重要空间要素。通过遮挡和围合，形成丰富的空间构成。

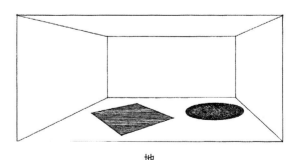

地

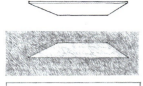
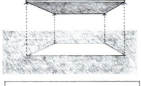

顶   墙

2.2　空间的限定要素

限定要素是构成空间形态不可或缺的要素。具体来说，它主要是针对一个空间六面体，如何采用基本要素中的线、面要素来构成空间。线要素主要是以其方向或方位在空间构成中起作用。面要素主要是以其自身的形状、大小、色彩、质感，以及各面之间的相互关系来构成空间，并由此形成不同的空间视觉效果和心理感受。限定要素包括水平要素、垂直要素。

空间的限定方式是多样的，
平时在生活中要注意多观察体验收集。

2.2.1　水平要素

水平要素是相对于"背景"而言的，与具有对比性的背景呈水平状态的"平面"可以从背景中限定出一个空间范围。由于这个平面与背景的高度变化，从而产生出不同的空间限定感，空间范围也就有了明确或模糊的差别。水平要素包括基面、基面下沉、基面抬起和顶面。

平面与背景的高度变化在视觉感受方面起着较大的作用。下沉或抬起基面都可加大平面与背景的分离感，从而使空间的领域感增强。同时，随着下沉基面深度的增加，空间的内向性感受越强；而随着抬起基面高度的增加，空间的外向性感受则越强。

基面

基面也称为"底面"。这是一种与背景没有高度变化，也即基面与背景之间处于重合的状态。空间限定的实现是通过基面与背景完全不同的色彩、肌理的材料变化来完成的，因此，这种限定是较为抽象的限定。

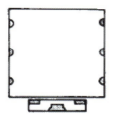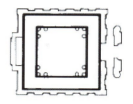

基面抬起

基面抬起与基面下沉形式正好相反，但作用相似。它是将基面抬至背景以上，使基面与背景之间有了高度变化，沿着抬起的基面边界所建立的垂直高度，可以从视觉上感受到空间范围的明确和肯定，因此，这种限定也是一种具体的限定。

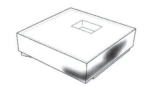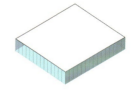

基面下沉

这是将基面下沉于背景以下，使基面与背景产生高度变化，利用下沉的垂直高度限定出一个空间范围，因此，这种限定是一种具体的限定。

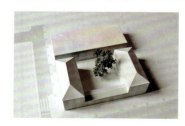

顶面 可看成是基面抬起方式的延伸，只不过由顶面限定的空间范围是处于顶面与背景之间。所以，这个空间范围的形式是由顶面的形状、大小以及与背景以上的高度所决定的。	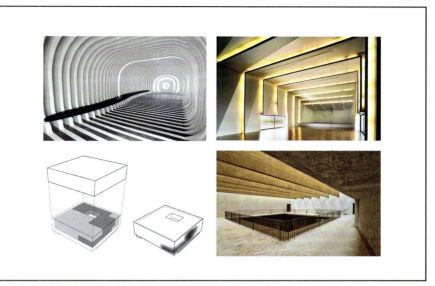

2.2.2　垂直要素

　　垂直要素的限定作用是通过建立一个空间范围的垂直界限来实现的。与水平要素相比，垂直要素不仅造成了空间范围的内外有别，还给人提供了一种强烈的空间围合感，因此，垂直要素在限定空间方面明显胜于水平要素。平行垂直面限定的空间给人方向感，并有外向性感受；L 形垂直面限定的空间给人运动感，转角呈内向性，边界处则变成外向性感受；U形垂直面限定的空间给人方向感，并有较封闭的感受，内部呈内向性，敞开处则变成外向性；口形垂直面限定的空间给人封闭感，并有内向性感受。从以上六种垂直要素限定空间的围合程度来看，从垂直线到口形垂直面，空间的封闭感逐渐增强；反之，空间的通透感则逐渐减弱。

垂直线

垂直线因使用数量的不同，在空间限定方面的作用也随之不同。当1根垂直线位于一个空间的中心时，将使围绕它的空间明确化；而当它位于这个空间的非中心时，虽然该部位的空间感增强，但整体的空间感减弱。当2根垂直线可以限定一个面，形成一个虚的空间界面。3根或更多的垂直线可以限定一个空间范围的角，构成一个由虚面围合而成的通透空间。

单一垂直面

当单一垂直面直立于空间中时，就产生了一个垂直面的两个表面。这两个表面可明确地表达出它所面临的空间，形成两个空间的界面，但它却不能完全限定它所面临的空间。

平行垂直面

一组互为平行的垂直面则可以限定它们之间的空间范围。这个空间敞开的两端，是由平行垂直面的边界所形成的，给空间造成强烈的方向感。方向感的方位是沿着这两个平行垂直面的对称轴线向两端延伸。

L形垂直面

由L形垂直面的转角处限定出一个沿着对角线向外延伸的空间范围。这个空间范围在转角处得到明确界定，而当从转角处向外运动时，空间范围感逐渐减弱，并于开敞处迅速消失。

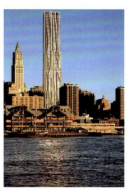

U形垂直面

由三个垂直面围合和一面敞开组合而成，它可以限定出一个空间范围。该空间范围内含有一个焦点，即中心。这一焦点的基本方位是朝着敞开的端部。

口形垂直面

由四个垂直面围合而成，界定出一个明确而完整的空间范围。同时，也使内部空间与外部空间互为分离开来。这大概是最典型的建筑空间限定方式，当然，也是限定作用最强的一种方式。

2.3　空间的类型

2.3.1　围合型空间

围合型空间又叫封闭空间，是一种建筑内部与外部联系较少的空间类型。在空间性格上，封闭空间是内向型的，体现出静止、凝滞的效果，具有领域感和安全感，私密性较强，有利于隔绝外来的各种干扰。

2.3.2　开放型空间

开放空间是一种建筑内部与外部联系较紧密的空间类型。其主要特点是墙体面积少，采用大开洞和大玻璃门窗的形式，强调空间环境的交流，室内与室外景观相互渗透，讲究对景和借景，在空间性格上，开放空间是外向型的，限制性与私密性较小，收纳性与开放性较强。

2.3.3 直线型空间

直线型空间是通过单纯的直线或者曲线的穿过、穿越等方式完成空间体验的类型，其和环境有强烈的交流。

| 应用拓展 |

空间的类型有哪几种？你能否用建筑、规划、园林、室内设计的例子分别进行说明。

| 思考题 |

1.空间的基本概念是什么？请用生活中的具体实例说明。

2.空间的限定要素有哪些？用一个实际案例说明它用到了哪些空间限定因素。

3 形态与空间的关系

3.1 基本形

由基本要素构成的具有一定几何特征的形就叫基本形。一般来说，形体越是单纯和规则，则越是容易为人感知和识别，由于规则基本形为人们所熟悉，并且具有一定的规律性，所以形态构成中，常常将它们直接作为基本单元，来构成更为复杂的形态。当然，除了规则基本形，还有不规则基本形，而且这种不规则基本形大量存在于我们的生活中，虽然对它的构成规律，我们还无法进行归纳和总结，但我们却不能视而不见。

下面介绍几种常见的形态基本形及其扩展：

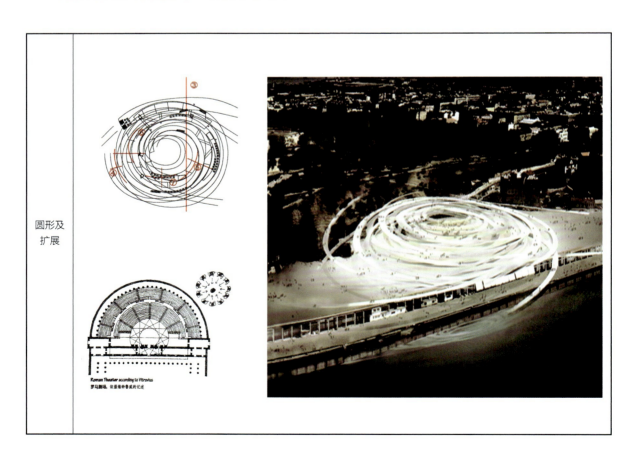

圆形及扩展

Roman Theater according to Vitruvius
罗马剧场，依据维特鲁威的记述

三角形及扩展	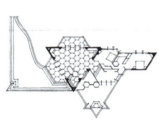 
正方形及扩展	  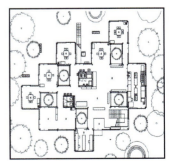

多边形及扩展	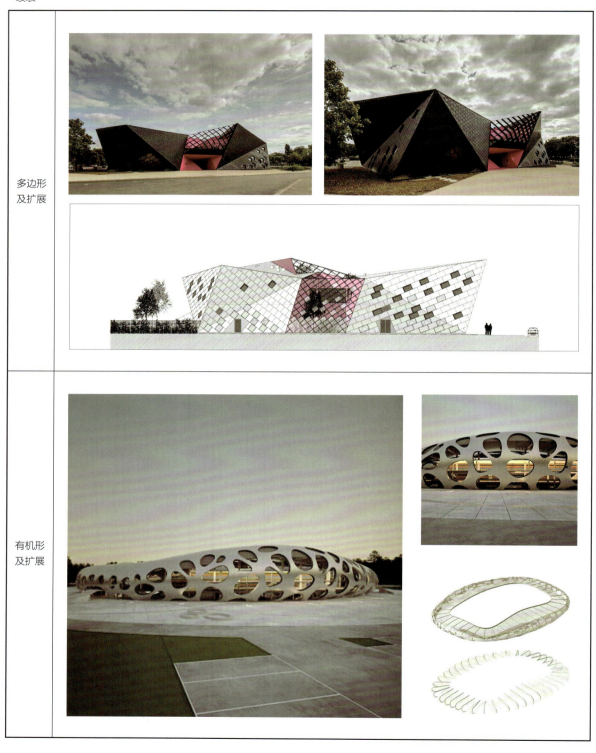
有机形及扩展	

3.2 形态与空间的关系

形态与空间的关系有以下几种情况：消减的关系、增加的关系和交叉的关系。

3.2.1 消减的关系

（1）遮挡

我们在所见的视野内总是寻求形式的规则性和连续性。如果在我们的视野中，任何一个基本实体有一部分被遮挡起来，我们倾向于使其形式完善并视其为一个整体，这是因为大脑填补了眼睛没有看到的部分。同样，当规则的形式中有些部分从其体量上消失，如果我们把它们视作不完整的实体的话，这些形式则仍保持着它们的形式特性。我们把这些不完整的形式称为"削减的形式"。

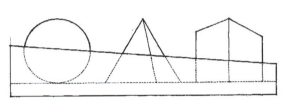  

（2）挖空

由于简单的几何形体易于识别，比如我们提到的基本实体，就非常适于进行削减处理。假若不破坏这些形体的边、角和整体外轮廓，即使其体量中有些部分被去掉，这些形体仍将保留其形式特性。

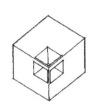 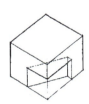 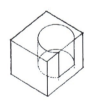  

（3）侵蚀

如果从某一形式的体量上移去的部分侵蚀了其边缘并彻底地改变了其轮廓，那么这种形式原来的本性就会变得模糊起来。

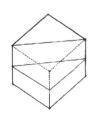 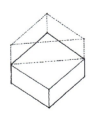 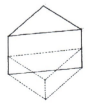  

3.2.2 增加的关系

（1）包容

包容是指一大的空间单元完全包容另一小的空间单元。在这种空间关系中，大尺寸与小尺寸的差异显得尤为重要，因为差异越大包容感越强，反之包容感则越弱。当大空间与小空间的形状相同而方位相异时，小空间具有较大的吸引力，大空间中因产生了第二网格，留下了富有动态感的剩余空间；当大空间与小空间能形状不同时，则会产生两者不同功能的对比，或象征小空间具有特别的意义。

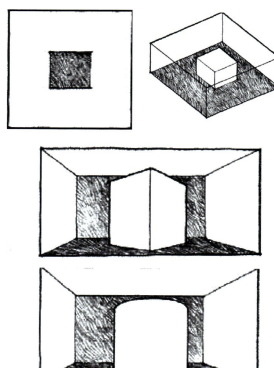

（2）重叠

重叠是指两个空间单元的一部分区域重叠，将形成为原有空间的两部分或新的空间形式。空间单元的形状和完整程度则因重叠部位而发生变化。当重叠部位为两个空间共享时，空间单元的形状和完整程度保持不变；当重叠部位与其中一空间合并，成为它的一部分时，就使另一空间单元的形状不完整，降为次要的和从属的地位；当重叠部分自成为一个新的空间时，就成为两空间的连接空间，则两个空间单元的形状和完整性发生改变。

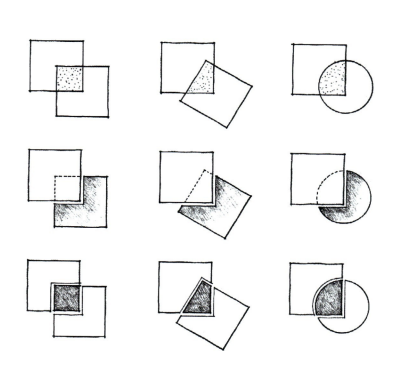

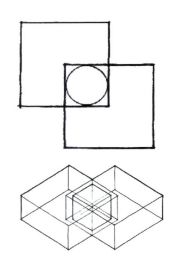

（3）接触

接触是指两个空间单元相遇并接触，但不重叠，接触后的空间之间的视觉和空间上的连续程度取决于接触处的性质。接触可以是边界与边界的接触，也可以是界面与界面的接触：当以空间的界面接触时，空间的独立性强，而界面上的开洞程度如何，将直接影响到两个空间的围合与通透程度。以独立接触面设置于单一空间内时，空间的独立性减弱，两个空间隔而不断。以一列线状柱作为接触面时，空间有很强的视觉和空间上的连续性，而柱子数目的多少，将直接影响到两个空间的通透程度。以两个空间的地面标高、屋顶高度或墙面处理的变化作为接触面的暗示时，空间则有微妙的区别，但仍然有高度的视觉和空间上的连续性。

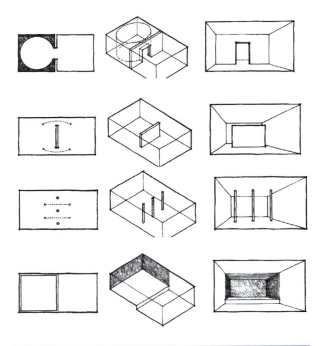

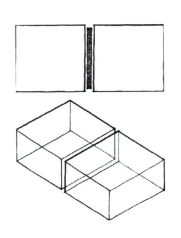

3.2.3 交叉的关系

交叉是指两个互为分离的空间单元，可由第三个中介空间来连接。在这种彼此建立的空间关系中，中介空间的特征起决定性的作用。中介空间在形状和尺寸上可以与它连接的两个空间单元相同或不同。当中介空间的形状和尺寸与它所连接的空间完全一致时，就构成了重复的空间系列；当中介空间的形状和尺寸小于它所连接的空间时，强调的是自身的联系作用；当中介空间的形状和尺寸大于它所连接的空间时，则成为整个空间体系的主体性空间。

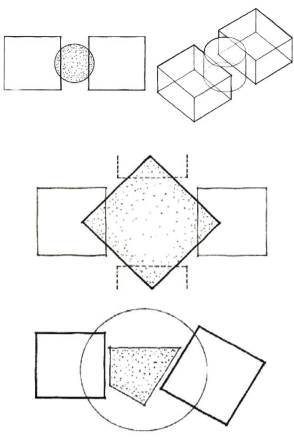

| **应用拓展** |

1.熟练应用形态基本形及其扩展。

2.正确辨别形态与空间关系的各种情况。

| **思考题** |

1.形态基本形有哪些？它们如何在设计实践中扩展？

2.形态与空间的关系有几种情况，分别产生什么结果？

4 建筑空间与形态

4.1 建筑空间形态构成

4.1.1 一元建筑空间构成

一元空间是建筑空间构成的基本单位，是构成复杂空间的基础，具有向心性、形式规则、界限明确等特性。空间的形状、比例、尺度，影响空间的特征以及人对空间的心理感受。

（1）空间形状

建筑空间通常由常规的几何形体所构成，空间形状不同会产生不同的造型特色，也会产生不同的空间感受。

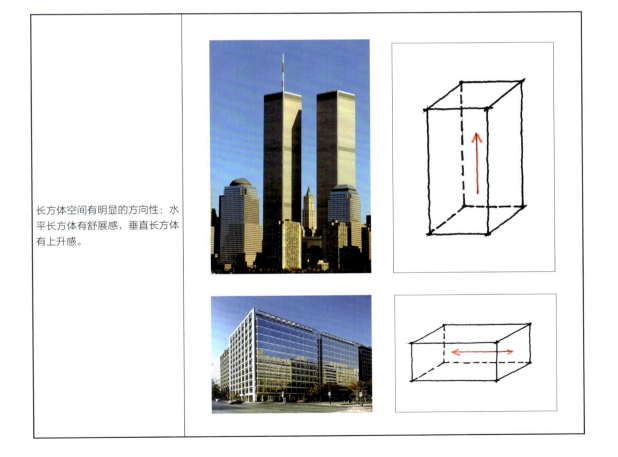

长方体空间有明显的方向性：水平长方体有舒展感，垂直长方体有上升感。

三角锥形空间有强烈上升感。		
圆柱形空间有向心性团聚感。		
正六面体空间各向均衡，具有庄重严谨的静态感。		
球形空间有内聚性，具有强烈封闭压缩感。		

环形空间具有明显的指向性和流动感。		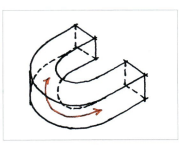
拱形剖面空间有沿轴线集聚的内向性。		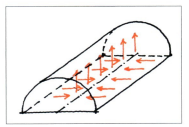

（2）空间比例

空间各构成要素在各个方向上的量度比例影响着空间的特征和人的心理感受。

高耸的空间有向上的动势，产生崇高和雄伟感。	 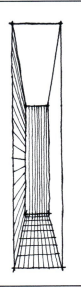

纵长而狭窄的空间有向前的动势，产生深远和前进感。	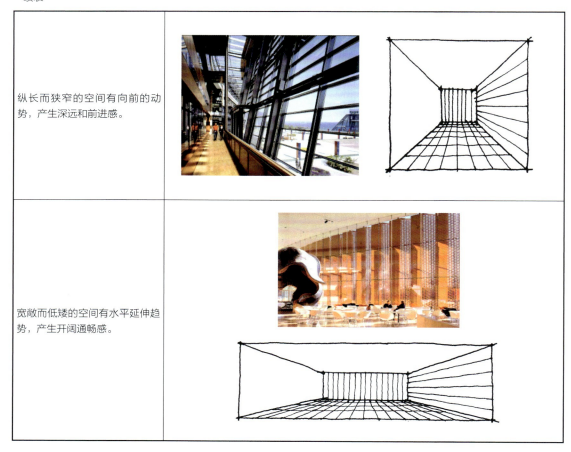
宽敞而低矮的空间有水平延伸趋势，产生开阔通畅感。	

（3）空间尺度

尺度是建筑空间及其构成要素大小之间的比例关系，以客观与主观的协调统一为标准，它涉及空间形象给人的视觉感受是否符合其实际尺寸的问题。

压抑	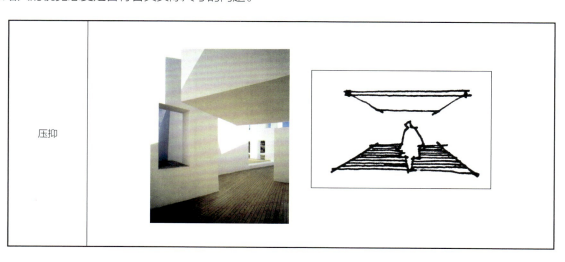

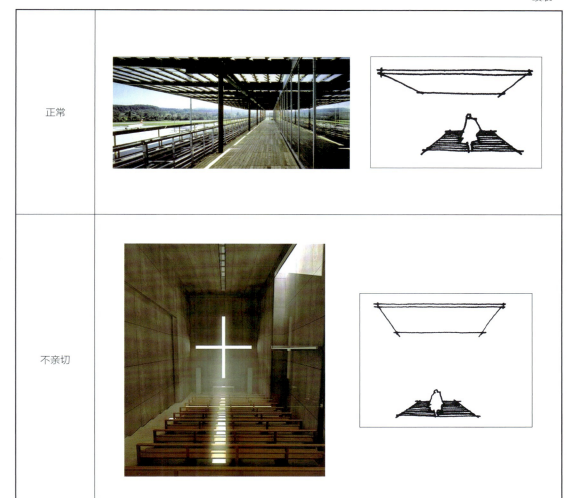

| 正常 | | |
| 不亲切 | | |

4.1.2 二元建筑空间构成

二元空间自身的形状、大小等因素影响着空间的特征，彼此间的相对位置、方向及结合方式等的不同关系，构成空间上有变化、视觉上有联系的空间综合体。

（1）连接

两个相互分离的空间由一个过渡空间相连接，过渡空间的特征对于空间的构成关系有决定性的作用。

过渡空间与它所联系的空间在形式、尺寸上完全相同，构成重复的空间系列。		
过渡空间与它所联系的空间在形式和尺寸上不同，强调其自身的联系作用。		
过渡空间大于它所联系的空间而将它们组织在周围，成为整体的主导空间。		
过渡空间的形式与方位完全根据其所联系的空间特征而定。		
靠实体分割，各空间独立性强，分割面上开洞程度影响空间感。		

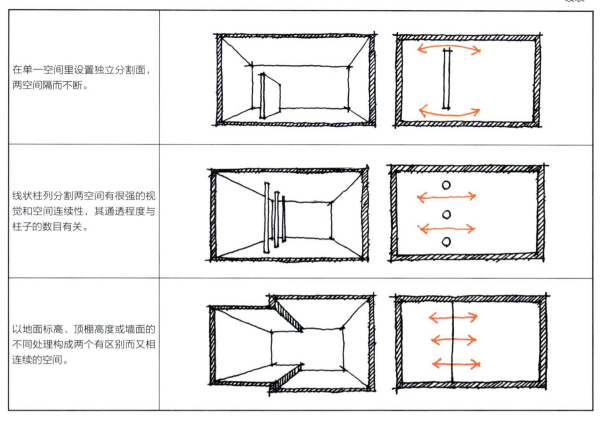

在单一空间里设置独立分割面，两空间隔而不断。	
线状柱列分割两空间有很强的视觉和空间连续性，其通透程度与柱子的数目有关。	
以地面标高、顶棚高度或墙面的不同处理构成两个有区别而又相连续的空间。	

（2）包容

大空间中包含着小空间，两空间产生视觉与空间上的连续性。

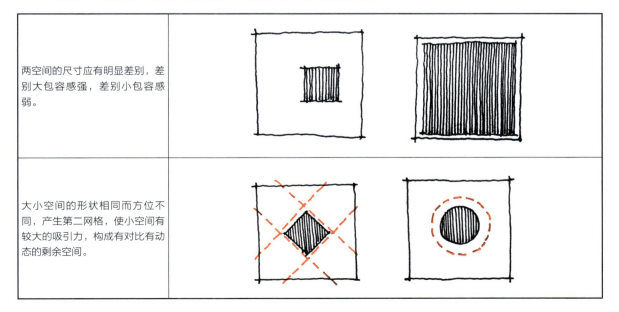

两空间的尺寸应有明显差别，差别大包容感强，差别小包容感弱。	
大小空间的形状相同而方位不同，产生第二网格，使小空间有较大的吸引力，构成有对比有动态的剩余空间。	

（3）相交

两空间的一部分重叠而成公共空间，并保持各自的界限和完整。

两空间保持各自的形状，重叠部分为两空间所共有。	重叠部分与其中一个空间合为一体，成为完整的空间，另一空间为次要和从属的。	重叠部分自成一个独立部分，成为两空间的连接空间。
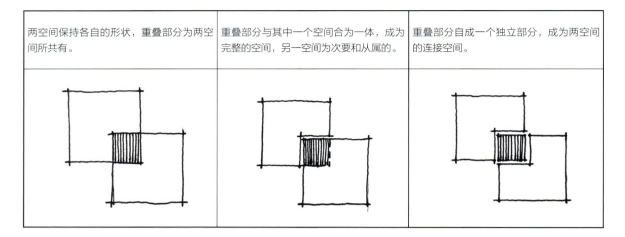		

4.1.3　多元建筑空间构成

多元空间由两种或两种以上的单元空间不分先后、不分主次，既可以是相同的单元空间，也可以是不同的单元空间，同时存在，同时进行，具有相容和不相容两方面的特点。

（1）集中式组合

稳定的向心式构成，一般由一定数量的次要空间围绕一个大的主导空间。中央主导空间一般是规则式的、较稳定的形式，尺寸较大，以至于可以统率次要空间，并在整体形态上居于主导地位；而次要空间的形式可以相同，也可以不同，尺寸上也相对较小。

次要空间的功能、尺寸可以完全相同，形成双向对称的空间构成。	
两大空间相互套叠后构成对称式集中空间。	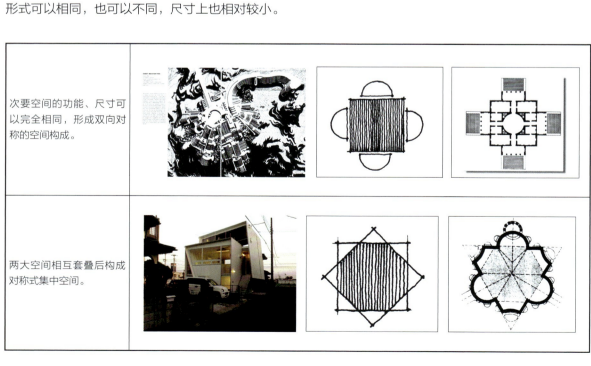

次要空间的功能和尺寸可以不相同，按功能和环境构成不同形式。		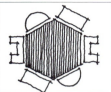 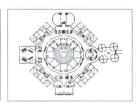

（2）串联式组合

若干单元空间按照一定的方向排列相接，构成串联式的空间形式，每个单元空间可以重复，也可以不重复，或部分重复；排列方式可以是直线形的，也可以是折线形的，还可以是曲线形的。总之，既可以是规则的，也可以是不规则的。

各个单元空间逐个彼此相连，也可使各个单元空间用单独的不同线式空间相连接。		各相连空间的尺寸、形式和功能可相同，也可不相同。	
串联空间的终端可终止于一个主导空间，或突出的入口，也可与其他环境融为一体。		曲线或折线的串联构成可相互围合成为室外空间。	
串联构成中具有重要性的单元空间，因其形式与尺寸的特殊表示其重要性，也可以用位置强调其重要性，可以位于序列中央端部，偏移序列之外，或在序列转折处。			

（3）放射式组合

放射式兼有集中和串联两种构成方式，它是由一个处于集中位置的中央主体空间和若干向外发散开来的串联式空间组合而成。中央空间一般为规则式，外伸线性臂的长度、方位因功能或场地条件而不同，其与中央空间的位置、方向的变化而产生不同的空间形态。

线式臂在长度、形式方面大体相同，保持整体组合的规则性，构成的空间具稳定与均衡感。	线式臂的长度、形式相同或不同，方位相互垂直地向外延伸，构成富有动势的旋转运动感。	线式臂的形状、长度、方向互相可不相同，中央空间处于一侧，以适应功能或地形的条件。

（4）组团式组合

将功能上类似的单元空间按照形状、大小或相互关系方面的共同视觉特征，构成相对集中的建筑空间；也可将尺寸、形状、功能不同的空间通过紧密的连接和诸如轴线等视觉上的一些规则手段构成组团。它具有连接紧凑、灵活多变、易于增减和变换组成单元而不影响其构成的特点。

围绕室内主体空间。		围绕入口分组。	
围绕交通空间分组。		围绕室外空间分组。	

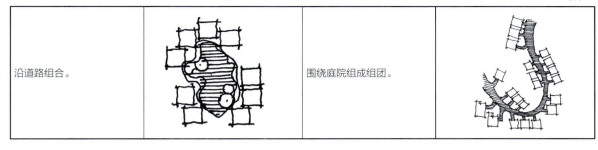

| 沿道路组合。 | | 围绕庭院组成组团。 | |

4.2 建筑构件与空间

点、线、面、体构成了空间，是空间的构成要素；建筑空间由建筑构件组成，所以建筑构件成为了建筑空间的构成要素。建筑由基础、梁柱、墙体、楼板、屋顶、楼梯、门窗等主要部分组成。

4.2.1 建筑基础

建筑基础是房屋最下面的部分，它承受房屋的全部荷载，并把这些荷载传给下面的土层（地基）。

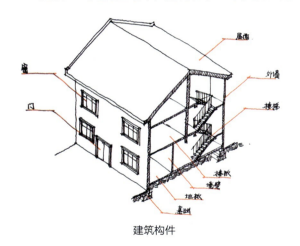

建筑构件

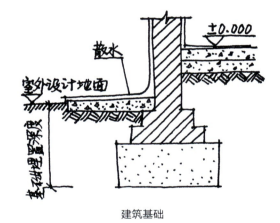

建筑基础

4.2.2 梁柱与墙体

梁是房屋在水平向的承重构件，它承受楼地面上的荷载，然后把荷载传递给墙体或柱子。

墙或柱是房屋的垂直承重构件，它承受通过梁传给它的荷载，并把这些荷载传给基础，墙体还起承重、围护、分隔建筑空间的作用。

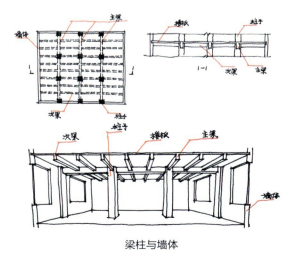

梁柱与墙体

4.2.3　楼板与地面

楼板将房屋沿垂直方向分隔为若干层，将楼层的使用载荷及其自重通过楼板传递给墙或柱等构件，再传给基础。楼板层从上至下依次由面层、结构层和顶棚层等几个基本层次组成。

地面层是分隔建筑物最底层房间与下部土壤的水平构件，地面层从下至上依次由素土夯实层、垫层和面层等基本层次组成。

4.2.4　屋顶与屋架

屋顶是房屋最上层起承重和覆盖作用的构件。它的作用主要有三个：一是防御自然界的风、雨、雪、太阳辐射热和冬季低温等的影响；二是承受自重及风、沙、雨、雪等荷载及施工或屋顶检修人员的活荷载；三是屋顶是建筑物的重要组成部分，对建筑形象的美观起着重要的作用。

屋顶的形式可分为坡屋顶和平屋顶，并且屋顶的形式随着不同的时期，不同的地域，不同的民族而发生着变化。

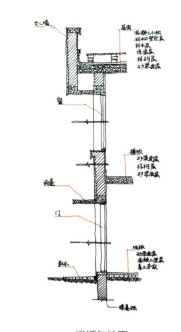

楼板与地面

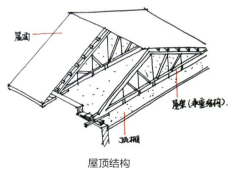

屋顶结构

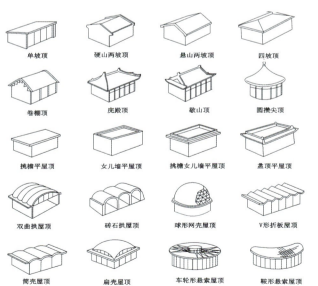

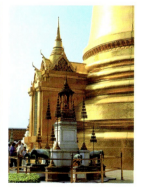

4.2.5 楼梯

楼梯是建筑物中作为楼层间垂直交通用的构件，用于楼层之间和高差较大时的交通联系。

楼梯由连续梯级的梯段（又称梯跑）、楼梯平台（楼层平台和中间平台）和栏杆（栏板），以及扶手三部分组成。

15—16世纪的意大利，将室内楼梯从传统的封闭空间中解放出来，使之成为形体富于变化，带有装饰性的建筑组成部分，在建筑造型上起到重要的"画龙点睛"作用。

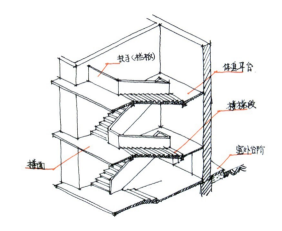

4.2.6 门窗

门主要用来通行人流，窗主要用来采光和通风。

门窗按其所处的位置不同分为围护构件或分隔构件，有不同的设计要求，要分别具有保温、隔热、隔声、防水、防火等功能。门和窗是建筑物围护结构系统中重要的组成部分。

门和窗是建筑造型的重要组成部分（在虚实对比、韵律艺术效果中起着重要的作用），所以它们的形状、尺寸、比例、排列、色彩、造型等对建筑的整体造型都有很大的影响。（各种形式的开窗方式，使建筑立面更加地丰富多样）

4.3 建筑功能类型与空间

建筑空间的功能依据人们建造房屋的目的和使用要求而决定，人们从事着不同的社会活动，所需要的空间功能不同，使建筑的空间形式也千变万化。所以，建筑的功能决定了形式，功能是相对稳定的，形式是可以多变的，两者不可分割，相辅相成，相互依赖。

不同的功能需要与之相适应的的空间形式才能满足其使用要求。空间的形式，包含空间的大小、形状、比例关系以及门窗的位置，这些都要符合其功能的需求。

4.3.1 住宅建筑

"住宅"是以家庭为对象的人为生活环境，住宅的功能基于人的行为活动特征而展开，包含了睡眠、休息、饮食、盥洗、家庭团聚、会客、娱乐、工作、学习、工作等。家庭人员的数量、工作性质、生活习惯等都决定了空间条件。

4.3.2 学校建筑

"学校"是人们为了达到特定的教育目的而兴建的教育活动场所，使用的人员主要为学生和老师，功能也以教育学生为基础，包含了教学用房、教师用房、室外运动场地以及其余配套设施。学生的规模以及不同的教育目的，使学校建筑的空间形式也呈现多元化。

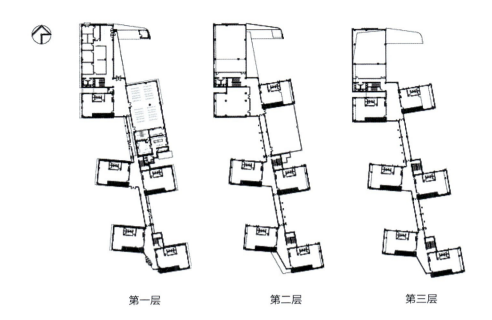

第一层　　　　　　　第二层　　　　　　　第三层

4.3.3　商业建筑

　　"商业建筑"是商业活动的主要聚集场所，商业建筑的功能正朝着多元化、多层次方向发展。一方面，购物形态更加多样，如商业街、百货商店、大型商场、购物中心、专卖店、超级市场等，这些不同形态的商业场所空间形式的需求也不同；另一方面，购物的内涵更加丰富，决定着商业建筑不仅仅局限于单一的商业活动，要突显综合的消费趋势，让多种功能相互结合。

杭州湖滨国际名品街

4.3.4 文化建筑

"文化"是一个群体（可以是国家，也可以是民族、企业、家庭）在一定时期内形成的思想、理念、行为、风俗、习惯、代表人物，及由这个群体整体意识所辐射出来的一切活动。文化建筑是进行"文化"活动的场所，如图书馆、美术馆、博物馆、文化艺术中心、展览馆等，空间形式要与所进行的文化活动一致，同时也要符合文化活动的特点和思想。

苏州博物馆

| **应用拓展** |

1.一元、二元、多元的建筑形态构成之间的区别与相互关系。

2.建筑构件与空间的关系。

| **思考题** |

总结不同类型建筑的形态特征。

5 园林景观空间与形态

5.1 园林景观形态要素

5.1.1 自然环境与生态要素

自然因素体现着园林景观的特性，它一方面制约着风景园林设计，另一方面也为园林景观的设计提供基础和主题。

（1）环境因子

园林景观的环境因素非常复杂综合，认识场地的环境因子是认识形态的基础。

①地形

地形是基地的形态基础，基地总体的坡度情况，地势走向变化的情况，各处地势起伏的大小是基地有"形"的、可见的主要因素，是基地形态的基本特征。

山丘			
盆地			
凹地			

峭壁			
冲沟			
护坡			

②水体

水体的不同形态凸显着场地的特征，同时在设计时，要充分考虑防洪、视觉景观、岸带生态功能，包括水位变化的影响。

瀑布			

海面	
河流	
湖泊	

③植被

热带植被	
亚热带植被	

温带 植被			
寒带 植被			
隐域 植被			

④风向

认识、掌握风向的特点，顺畅地导入夏季风，利用地形要素阻挡冬季风，形成冬暖夏凉的小气候。

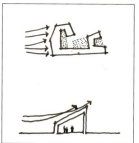

⑤日照

日照条件是指基地受到太阳照射的时间和质量。

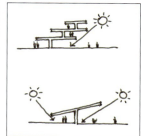

⑥土壤

认识土壤的透水性能和承载力两个方面。

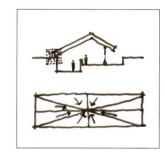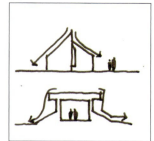

（2）生态因子

了解生态因子，不仅是从美学角度考虑，更重要的是具有生态学的意义。

①斑块（Patch）

斑块是空间中最小的均质单元，可以增加景观的异质性及影响整体景观功能的边缘效应、能量与物种的组成，如沼泽地、泻湖、树丛、绿洲、火烧遗迹等。

②廊道(Corridor)

廊道是不同于两侧基质的狭长地带，具有阻隔、保护作用及生物物种移动、屏障、过滤、缓冲带、运输、生物栖息地等功能，且影响基质的环境功能，如林带、河流等。

③基质(Matrix)

基质是组成景观的主体环境，是构成整体景观或空间的背景因素，会影响整体环境的主体，从长期来看，基质会影响整体景观均质化，如草原、森林、沙漠、荒地等。

④网络(Network)

网络是构成环境整体能量或物种流动与运作的体系。网络由廊道与节点所构成，它能促进物种或能量流动与循环，如河流网络。

⑤生态交错带(Ecotone)

生态交错带是两个不同生态群落或生态体系的交接地带。是有边缘效应形成的，具有丰富生物物种及较为复杂生态体系的地区，如海洋地区、森林外围地区等。

5.1.2　人的心理体验要素
（1）五感

视觉 视觉具有感知范围大、知觉速度快、转移灵便等特点，在人的感官系统中最为重要。			
听觉 听觉的重要程度仅次于视觉，是视觉以外获得信息量最大的感官媒介。也有针对声景（soundscape）研究的规划。			
触觉 触觉为人们感知物体的质感、冷热、软硬、形状、疏密等属性提供了最直接的方式。			
嗅觉 嗅觉信息不仅提供了环境的线索，还能使得人们更深刻地体验环境，给人愉悦或不愉快的印象。			
味觉 味觉是最直接、最亲密的体验，能鼓励人们的参与行为、体验行为。			

（2）行为活动

必要性活动 必要性活动是指必须要进行的活动。日常工作和生活事务都属于这种类型。它们很少受到物质环境的影响。			
自发性活动 自发性活动是只有在人们有参与的意愿，并且在时间、地点都适宜的情况下才会发生。这类活动的必要条件就是要有适宜的外部条件，如天气很好、场所很吸引人、参与者有时间等。			
社会性活动 社会性活动是指公共空间中有赖于他人参加的活动，包括儿童游戏、互相打招呼、交谈、各类公共活动以及广泛的观察活动——观察人、以视听来感受他人。而公共空间中的社交活动更具有综合性，它赋予场所活力与人性，增加了公共空间中的生机。			

5.1.3 文化图式符号要素

园林景观和场地特定的文化环境密切相关。文化要素可以通过环境整体氛围的塑造来传承厚重的历史文脉，也可以是设置让日常使用者有所回忆、有所感悟、有所思考的兴趣点，还可以是保护、重塑传统形式的空间、元素。

（1）景观构筑

不同风格的构筑元素，是场地中极富表情的形态要素。根据不同的设计目的、场所精神，构筑物的形态也风格各异，是场所中重要的视觉要素。

亭			
台			
楼			
阁			
桥			

廊	  
棚	  

（2）雕塑

雕塑不仅能发挥文化载体的作用，也是塑造空间形态的有力手段。

（3）书画

书画本身具有文化的特性，特别是在中国传统园林中，更起到点景点题的作用。

5.2　园林景观空间要素

5.2.1　尺度与比例

（1）尺度

这里所说的尺度主要是指人在户外感觉的尺度，它与空间的大小、场所的布局有密切关系。

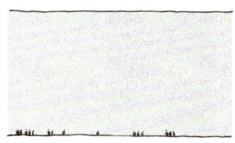

亲密尺度　　　　普通尺度　　　　　　公共尺度　　　　　　　　　　　　超大尺度

亲密尺度 亲密尺度指可以看清对方表情的空间，这个空间水平距离一般不超过16 m，竖直距离不超过7 m。	  
普通尺度 普通尺度指空间的水平距离不超过24 m，竖直距离不超过10 m。	  

公共尺度 公共尺度是为了满足数量较多的人使用，一般很少超过170 m。			
超大尺度 超大尺度多用于纪念性空间中。			
超常尺度 超常尺度往往与人工性场所无关，指大自然中壮观的景观，如山脉、平原、金字塔等。			

（2）比例

比例是指局部和局部、局部和整体的关系。比例包括平面上大小各异的空间划分，单个元素或空间的高、长、宽等三维度量的关系，以及空间、实体之间在体积、体量上的关系。

①平面比例

在平面中，对几何关系的比例制约，是设计中塑造空间形态的常用手法。

 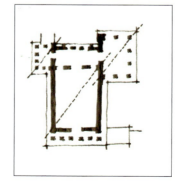 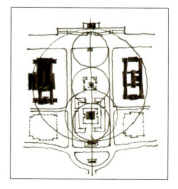

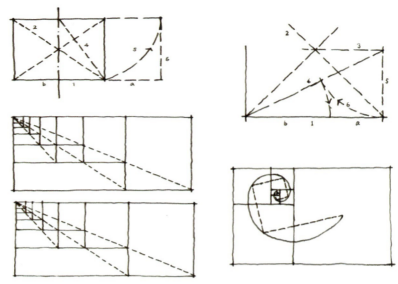

设计中常用到黄金分割比例

②垂直比例

观赏视角与两边景物比例的关系。

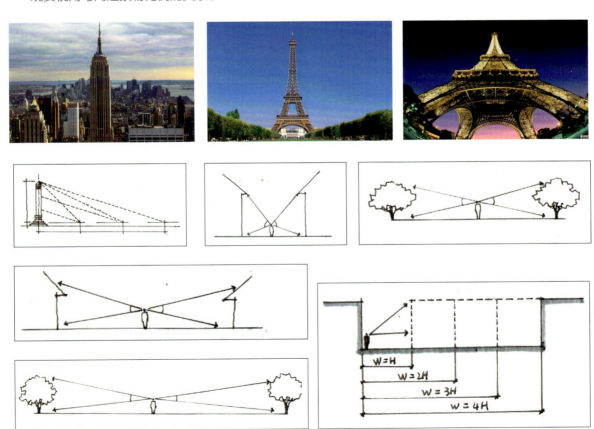

5.2.2 流线和序列

（1）流线

流线是指人的交通和游览路线，园林中的流线安排既要考虑功能布局、地形限制，还要顾及景观组织，通常会经历景点、景线、景面和全景的一个过程。

景点 景点可以是流线的目的地，也可以是流线过程中的停留点，给人局部完整的印象。			
景线 景线是组织流线的道路，通常是游览路线。在空间中，景线本身也是景观的体现，给人场所完整的印象。			
景面 景面通常指集中的大尺度节点空间。进入景面的要素都具有场所的共同的属性，或私密或开放，创造出统一的空间。			
全景 全景是鸟瞰全景时的称谓，也泛指一类环境。			

流线的形态表现方式也很丰富，在园林景观，结合景物与观赏者的行为，可以分为串联、穿过和混合等几种方式。

串联

串联指流线作为空间与景观的组织者，串联起了周围的景观元素，目的在于最便捷地展现环境的变化。

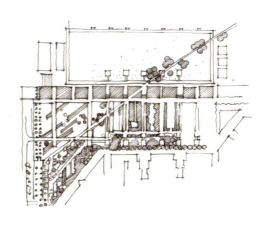

穿过

穿过是指在同一景观要素中，道路流线的方式。

混合

混合多种景观要素的流线方式。

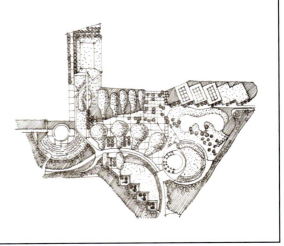

纵横 流线方式形成纵横交错的网络，让景物从各个方位得到展现。		
虚实 虚实是指一条实体流线与一条虚体流线同时进行。		
包围 流线被空间围合要素进行包围，起到限制视线的作用。		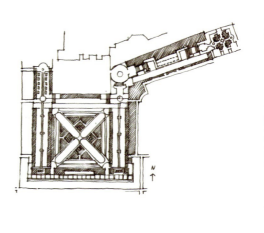

（2）序列

沿着流线的空间组合就是完成景观体验的序列，分为轴线型和曲线型两个类型。

轴线型 以直线路径为代表，平铺直叙、渐进渐次。辅助空间形成秩序，加强权利和控制。	
曲线型 以曲线路径为代表，柳暗花明、跌宕起伏。意味着自然性。	

5.2.3 空间与景深

（1）空间连接

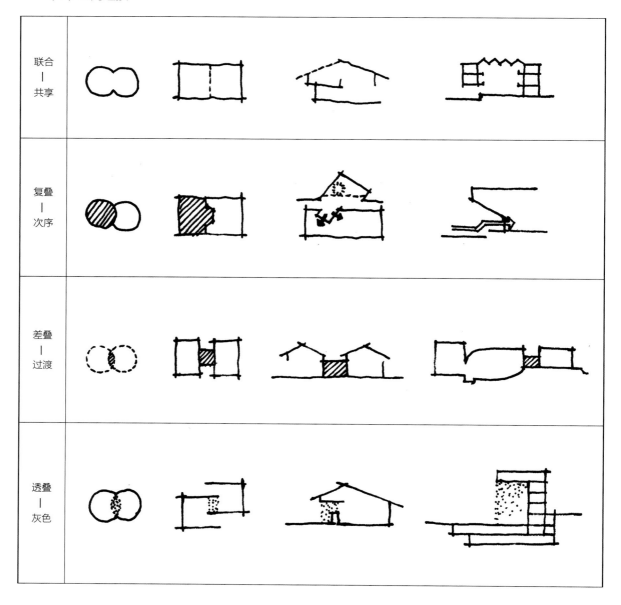

联合—共享	
复叠—次序	
差叠—过渡	
透叠—灰色	

（2）景深手法

园林景深的组织，通常有抑景、透景、添景、夹景、对景、障景、框景、漏景、借景等方式。下面主要介绍对景、框景、透景、借景四种。

①对景

在园林中，或登上亭、台、楼、阁、榭，可观赏堂、山、桥、树木等，或在堂桥廊等处可观赏亭、台、楼、阁、榭，这种从甲观赏点观赏乙观赏点，从乙观赏点观赏甲观赏点的方法（或构景方法），叫对景。

对景

②框景

空间景物不尽可观，或则平淡间有可取之景，利用门框、窗框、树框、山洞等，有选择地摄取空间的优美景色，叫框景。

框景

③透景

美好的景物被高于游人视线的景物所遮挡，须开辟透景线，这种处理手法叫透景。要把园内外主要风景点透视线在平面规划设计图上表现出来，并保证在透视线范围内，景物的立面空间上不再受遮挡。

透景

④借景

借景是有意识地把园外的景物"借"到园内视景范围中来。借景是中国园林艺术的传统手法。一座园林的面积和空间是有限的，为了扩大景物的深度和广度，丰富游赏的内容，除了运用多样统一、迂回曲折等造园手法外，造园者还常常运用借景的手法，收无限于有限之中。

借景

5.2.4 空间与界面

（1）平面形态构成

轮廓配置 轮廓与空间的关系，依据空间的开合，组织匹配空间形式——这是平面构成形式的总体原则。	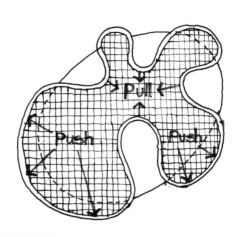
形式构成 基于同一功能的不同形式构成。形状、主次、肌理匹配的形式感变化。	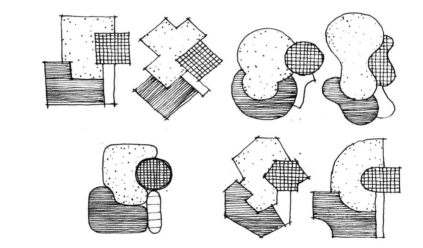
内部关系 划分功能分区，将功能图解中的空间细分为具体的功能。同一空间，依据内部关系的变化，分区和分割也产生变化。	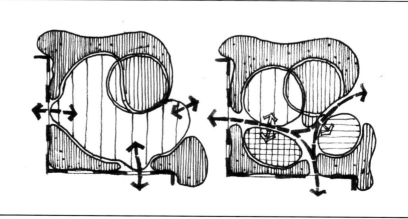

（2）立面形态构成

空间中的三个基面，地面、垂直面、顶面，是调度景观各载体要素在立面中的反映，其中最广泛应用的是植物与构筑物。

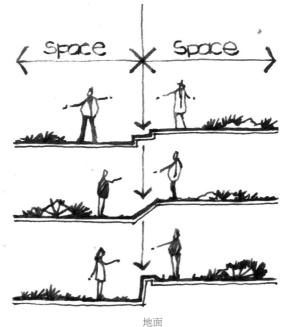

地面

垂直面

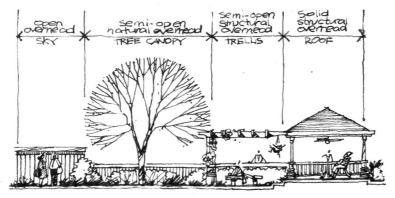

顶面

5.3 园林景观空间形态手法

5.3.1 抽象构图

（1）网格构图

风景园林设计中的参考网络与承重、结构等无关，所以比建筑中的柱网更为自由。通常要根据户外环境的尺度、周边环境的尺度、场地上的要素以及立意构思综合确定，从而形成空间的秩序，并与周边环境有恰当的对话关系。

①显性网格

采用显性、硬性的网格方式控制形态构图。结果是秩序感更为强势。

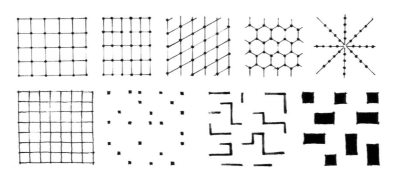

②隐性网格

采用隐性、柔性的网格方式控制形态构图。结果是得到柔和、内敛的感受。

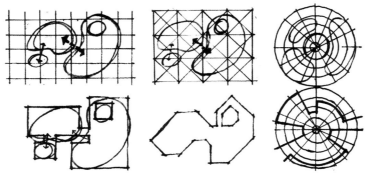

（2）几何构图

①几何特性应用

利用几何图形的特性拓展，进行空间分割与重组。

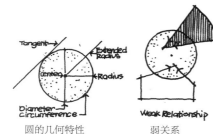  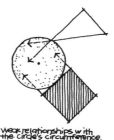 

圆的几何特性　　　　弱关系　　　　强关系　　　　圆周的弱关系　　　　圆周的强关系

②形式感应用

几何图形配合网格就能产生变化丰富的形式感。

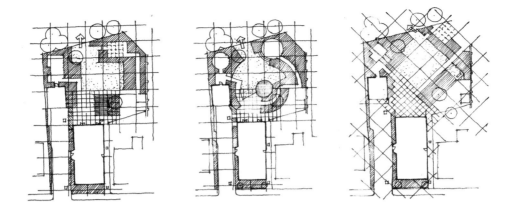

（3）轴线构图

①轴线暗示

空间的组织中有轴线的存在，善于利用轴线的组织特性，就可以组织成各种形式的空间的形态。

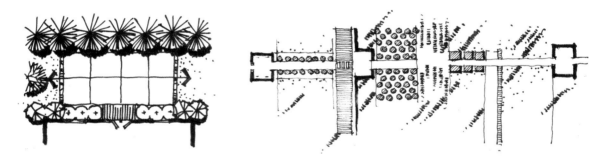

②空间暗示

通过轴线的暗示，引导人的行为依次通向空间类型，即是空间暗示。

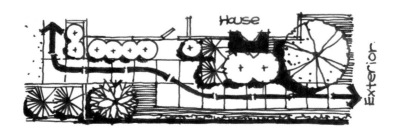

5.3.2 自然构图

（1）利用山势

路径—山势

植物—山势

空间—山势

（2）利用水势

①水体形状

细致地观察水体形状，从自然的观察中积累视觉经验，也可以从传统园林里面汲取创作灵感。

| 肾形 | 葫芦形 | 心形 | 云形 | 兽皮形 |

| 刀形 | 曲尺形 | 羊肠形 | 串形 |

水的平面自然形态

②水体落差

水体落差的动感造势，让环境
增添更多的感染力。

③水中置物

在静态或者动态水面中，设置各种物体，往往成为视线的焦点，也是一种有效的空间组织方式。

| **应用拓展** |

1.园林景观的形态要素与空间要素分别有什么内容？它们之间有什么联系？

2.园林景观的空间要素有哪些？它们是怎么应用在实践中的？

| **思考题** |

园林景观空间形态手法有哪些？请结合具体案例进行分析和总结。

6 室内空间与形态

6.1 室内空间类型

室内空间的多种类型，是基于人们丰富多彩的物质和精神生活的需要。日益发展的科技水平和人们不断求新的开拓意识，必然还会孕育出更多样的室内空间，下面介绍几种常见的室内空间类型。

6.1.1 基本类型

（1）结构空间

通过对结构外露部分的观赏，来领悟结构构思及营造技艺所形成的空间美的环境，可称为结构空间，室内设计的结构空间是建筑的延伸。充分利用彰显结构的魅力，从而得到有感染力的空间效果。

结构的现代感、力度感、科技感和安全感，是真、善、美的体现，比之繁琐和虚假的装饰，更具有震撼人心的魅力。

（2）开敞空间

开敞空间是外向性的，限定度和私密性较小，强调与走位环境的交流、渗透，讲就对景、借景与大自然或周围空间的融合。心理效果表现为开朗、活跃，性格是接纳性的。

开敞空间经常作为室内外的过度空间，有一定的流动性和很高的趣味性，是开放心理在环境中的反映。

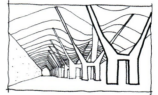
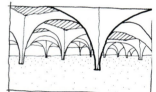

结构空间

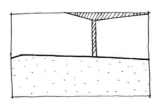

开敞空间

封闭空间

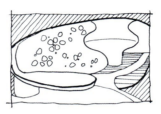

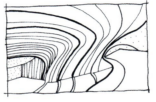

（3）封闭空间

封闭空间的性格是内向的、拒绝性的，具有很强的领域感、安全感和私密性，与周围环境的流动性较差。

在不影响特定的封闭机能的原则下，为了打破封闭的沉闷感，经常采用灯窗、人造景窗、镜面等扩大空间感和增加空间的层次。

（4）动态空间

动态空间引导人们从"动"的角度观察周围事物，把人们带到一个由空间和时间相结合的"第四空间"。

它组织引人流动空间的系列，方向性比较明确。空间组织灵活，人的活动路线不是单向而是多向。空间中没有一个平行面，都在动态的变化中。

动态空间

（5）静态空间

人们热衷于创造动态空间，但仍不能排除对静态空间的需求，这是基于动静结合的生理规律和活动规律，也是为了满足心理上对动与静的交替追求。静态空间限定度较强，趋于封闭型，私密性较强；多为对称性（四面对称或左右对称），除了向心、离心以外，较少其他的倾向，达到一种静态的平衡；色调淡雅和谐，光线柔和，装饰简洁。

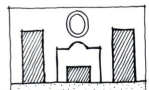

静态空间

6.1.2 拓展类型

（1）悬浮空间

室内空间在垂直方向的划分采用悬吊结构时，上层空间的底界面不是靠墙或柱子支撑，而是依靠吊杆悬吊，因而人们在其上有一种新鲜有趣的"悬浮"之感。也有不用吊杆，而用梁在空中架起一个小空间，颇有一种"漂浮"之感。

由于地面没有支撑结构，因而可以保持视觉空间的通透完整，轻盈高爽，并且底层空间的利用也更自由、灵活。

（2）流动空间

流动空间的主旨是不把空间作为一种消极精致的存在，而是把它看作一种生动的力量。在空间设计中，避免孤立静止的体量组合，而追求连续的运动的空间。空间的流动感也往往是由于按照空间构图原理，在直接利用结构本身所具有的受力合理的曲线或曲面的几何体而形成。

（3）虚拟空间

虚拟空间的范围没有十分完备的隔离形态，也缺乏较强的限定度，是只靠部分形体的启示，依靠联想和"视觉完形性"来划定的空间，所以又称"心理空间"。这是一种可以简化装修而获得理想空间感的空间，它往往是处于母空间中，与母空间流通而又具有一定独立性和领域感。

虚拟空间可以借助各种隔断、家具、陈设、绿化、水体、照明、色彩、材质，结构构件及改变标高等因素形成。这些因素往往也会形成重点装饰。

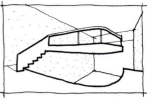
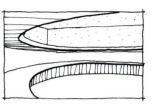

悬浮空间

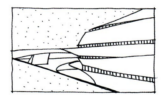

流动空间

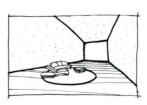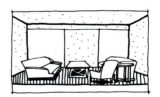

虚拟空间

共享空间

（4）共享空间

共享空间的产生是为了适应各种频繁的社会交往和丰富多彩的旅游生活。它往往处于大型公共建筑（主要是饭店）内的公共活动中心和交通枢纽，含有多种多样的空间要素和设施，使人们在精神上和物质上都有较大的挑选性，是综合性、多用途的灵活空间。它的空间处理是小中有大，大中有小；外中有内，内中有外，相互穿插交错，极富流动性。通透的空间充分满足了"人看人"的心理要求。

（5）母子空间

母子空间是对空间的二次限定，是在原空间（母空间）中，用实体性或象征性手法再限定出的小空间（子空间）。这种类似我国传统建筑中"楼中楼""屋中屋"的做法，既能满足功能要求，又丰富了空间层次。

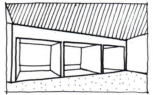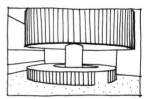

母子空间

6.1.3 其他类型

（1）不定空间

由于人的意识与行为有时存在模棱两可的现象，"是"与"不是"的界限不完全以"两极"的形式出现，于是反映在空间中，就出现一种超越接线的（功能的或形式的）、具有多种功能含义的、充满了复杂与矛盾的中性空间，或称"不定空间"。这些矛盾主要表现在围透之间；形状的交错叠盖、增加和削减之间；可测与变幻莫测之间；正常与反常之间；实际存在的限定与模糊边界感之间，等等。

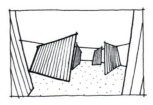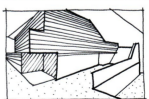

不定空间

（2）交错空间

现代的室内空间设计，已不满足于封闭的六面体和简单的层次划分，在水平方向往往采用垂直维护面的交错配置，形成空间在水平方向的穿插交错，左右逢源。在垂直方向则打破了上下对位，而创造上下交错覆盖，俯仰相望的生动场景。特别是交通面积的相互穿插交错，颇像城市中的立体交通，在大的公共空间中，还可便于组织和疏散人流；住在小空间中，也可增加很多情趣。

在交错空间中，往往也形成不同空间的交融渗透，因而在一定程度上也带有流动空间与不定空间的特点。

（3）外凸空间

如果凹入空间的垂直维护面是外墙，并且开较大的窗洞，便是外凸式空间了。这种空间是室内凸向室外的部分，可与室外空间很好地融合，视野非常开阔。

当外凸空间为玻璃顶盖时，就有日光室的功能了。这种空间对室内外都可丰富空间造型，增加很多情趣。

（4）下沉空间

室内地面局部下沉，可限定出一个范围比较明确的空间，称为下沉空间。这种空间的底面标高较周围低，有较强的围护感，性格是内向的，处于下沉空间中，视点降低，环顾四周，新鲜有趣。下沉的深度和阶数，要根据环境条件和使用要求而定。

为了加强围护感，充分利用空间，提供导向和美化环境，在高差边界处可布置座位、柜架、绿化、围栏、陈设等。在层间楼板层，受到结构的限制，下沉空间往往是靠抬高周围的地面来实现。

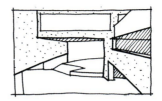
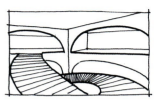

交错空间

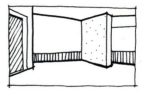
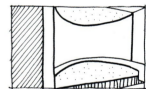

外凸空间

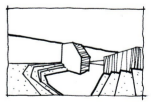

下沉空间

（5）迷幻空间

迷幻空间的特色是追求神秘、幽深、新奇、动荡、光怪陆离、变幻莫测、超现实的戏剧般的空间效果。

在空间造型上，有时甚至不惜牺牲实用性，而利用扭曲、断裂、倒置、错位等手法，家具和陈设奇形怪状，以形式为主，照明讲究五光十色，跳跃变幻，追求怪诞的光影效果。为了在有限的空间内创造无限的、古怪的空间感，经常利用不同角度的镜面玻璃的折射，使空间感更加迷幻。

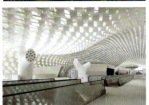

迷幻空间

（6）地台空间

室内地面局部抬高，抬高面的边缘划分出的空间称为地台空间。由于地面抬高，为众目所向，其性格是外向的，具有收纳性和展示性。处于地台上的人们，有一种居高临下的优越性的方位感，视野开阔，趣味盎然。

直接把台面当坐席、床位，或在台面上陈物，台下粗藏并安置各种设备，这是把家具、设备与地面结合，充分利用空间，创造新颖的空间效果的好办法。

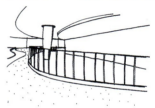

地台空间

6.2　室内空间分隔形态

室内设计首先要进行的是空间组合，这是室内空间设计的基础，而空间各组成部分之间的关系，主要是通过分隔的方式来体现的。要采用什么分隔方式，既要根据空间特点及功能要求，又要考虑艺术特点及心理要求。室内空间分隔主要分为建造类型分隔和软性类型分隔两大类型。

6.2.1　建造类型分隔

（1）绝对分隔

用承重墙、到顶的轻体隔墙等限定度（隔离视线、声音、湿温度等的程度）高的实体界面分隔空间，称为绝对分隔。这样分隔出的空间有非常明确的界限，是封闭的。

绝对分隔

隔音良好，视线完全阻隔或具有灵活控制视线遮挡的性能，是这种分隔方式的重要特征，因而与周围环境的流动性很差，但可以保证安静、私密和有全面抗干扰的能力。

（2）局部分隔

用片段的面（屏风、翼墙和较高的家具等）划分空间，称为局部分隔。限定度的强弱因界面的大小、材质、形态而异。

局部分隔的特点介于绝对分隔与象征性分隔之间，有时界限不大分明。

局部分隔

（3）象征性分隔

用片段、低矮的面，罩、栏杆、花格、构架、玻璃等通透的隔断；家具、绿化、水体、色彩、材质、光线、高差、悬垂物、音响、气味等因素分隔空间，属于象征性分隔。

这种分隔方式的限定度很低，空间界面模糊，但能通过人们的联想和"视觉完形性"而感知，侧重心理效应，具有象征意味，在空间划分上是隔而不断，流动性很强，层次丰富，意境深邃。

（4）弹性分隔

利用拼装式、直滑式、折叠式、升降式等活动隔断和帘幕、家具、陈设等分隔空间，可以根据使用要求而随时启闭或移动，空间也随之或分或合，或大或小。这种分隔方式称为弹性分隔，这样分隔的空间称为弹性分隔或灵活空间。

象征性分隔

弹性分隔

6.2.2 软性类型分隔

（1）色彩材质分隔

顾名思义，利用色彩与材质区分空间范围，让空间展现出整体效果。

（2）家具陈设分隔

家居陈设分隔空间是一种高效的方式，同时也让家具和陈设展现出自己独特的魅力。

（3）装饰构架分隔

装饰构架是设计的再创造，结合装饰艺术设计的专业，在空间造型中大有可为。

色彩材质分隔

家具陈设分隔

装饰构架分隔

（4）照明采光分隔

照明设计是室内设计独有的空间设计语言，它不仅能营造良好的氛围，也能给人心理上的空间分区的引导。

照明采光分隔

6.3　室内空间界面形态

室内空间界面主要指墙面、各种隔断、地面和顶棚。他们有各自的功能和结构特点。在绝大多数空间里，这几种界面之间的边界是分明的，但也有时由于某种功能或艺术上的需要，而边界并不分明，甚至浑然一体。不同界面的艺术处理都是对形、色、光、质等造型因素的恰当应用，有共同规律可寻，所以本节以各种艺术处理手法分类，在每一类中再分不同的界面举例。

6.3.1　几何形体界面

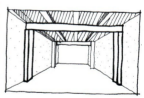

结构型界面

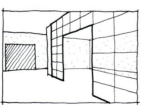

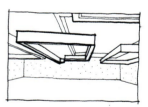

几何型界面

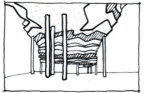

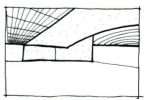

层次型界面

倾斜型界面

  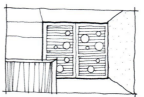 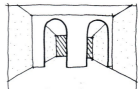

洞口型界面

6.3.2 肌理类型界面

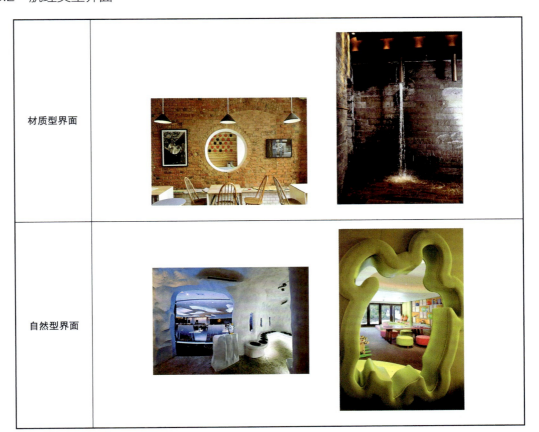

悬垂型界面	 

6.3.3　图案类型界面

主题型界面	
趣味性界面	

｜ 应用拓展 ｜

　1.室内空间类型如何分类，分别举例说明。

　2.室内空间分隔形态的建造类型分隔与软性类型分隔在应用上的区别。

｜ 思考题 ｜

　室内空间界面形态手法有哪些？请结合具体案例进行分析和总结。

参考文献

[1] 南希·A. 莱斯辛斯基. 植物景观设计[M]. 卓丽环，译. 北京：中国林业出版社，2013.

[2] 爱德华·T. 建筑语汇[M]. 林敏哲，林明毅，译. 大连：大连理工大学出版社，2001.

[3] 西蒙·贝尔. 景观的视觉设计要素[M]. 王文彤，译. 北京:中国建筑工业出版社，2004.

[4] 徐振，韩凌云. 风景园林快题设计与表现[M]. 沈阳：辽宁科学技术出版社，2009.

[5] 汉斯·罗易德，斯蒂芬. 伯拉德开放空间设计[M]. 罗娟，雷波，译. 北京：中国电力出版社，2007.

[6] 凯瑟琳·迪伊. 景观建筑形式与纹理[M]. 周剑云，唐孝祥，候雅娟，译. 杭州：浙江科学技术出版社，2004.

[7] 荆其敏，张丽安. 建筑环境设计[M]. 天津：天津大学出版社，2010.

[8] 日本建筑学会. 空间表现[M]. 陈新，吴农，译. 北京：中国建筑工业出版社，2011.

[9] 王其钧. 建筑艺术图文速查[M]. 北京：机械工业出版社，2010.

[10] 程大锦. 建筑：形式、空间和秩序[M]. 天津：天津大学出版社，2008.

[11] 王晓俊. 风景园林设计[M]. 南京：江苏科学技术出版社，2009.

[12] 翟幼林. 设计基础——空间设计初步[M]. 北京：人民美术出版社，2011.

[13] 娄永琪，勒巴，朱小村. 环境设计[M]. 北京：高等教育出版社，2008.

[14] 彭一刚. 建筑空间组合论[M]. 北京：中国建筑工业出版社，1998.

[15] 刘滨谊. 现代景观规划设计[M]. 南京：东南大学出版社，2005.

[16] 李砚祖. 环境艺术设计[M]. 北京：中国人民大学出版社，2005.

[17] 约翰·O. 西蒙兹. 景观设计学——场地规划与设计手册[M]. 北京：中国建筑工业出版社，2000.

[18] 克莱尔·库珀·马库斯，卡罗琳·弗朗西斯. 人性场所[M]. 北京：中国建筑工业出版社，2001.

[19] 张绮蔓，郑曙旸. 室内设计资料集[M]. 北京：中国建筑工业出版，1991.

[20] 李德华. 城市规划原理[M]. 北京：中国建筑工业出版社，2001.

[21] 弗雷德里克·斯坦纳. 生命的景观——景观规划的生态学途径[M]. 北京：中国建筑工业出版社，2004.

[22] 尼古拉斯·T. 丹尼斯，凯尔·D. 布朗. 景观设计师边便携手册[M]. 北京：中国建筑工业出版社，2002.

[23] 韦爽真. 环境艺术设计概论[M]. 重庆：西南师范大学出版社，2008.

[24] 袁旦，罗成文，谭平安. 建筑快题设计方案方法与评析[M]. 武汉：华中科技大学出版社，2013.

[25] 陈帆. 建筑设计快题要义[M]. 北京：中国电力出版社，2008.

[26] 徐振，韩凌云. 风景园林快题设计与表现[M]. 沈阳：辽宁科学技术出版社，2009.

[27] 杨鑫，刘媛. 风景园林快题设计[M]. 北京：化学工业出版社，2012.

[28] 于一凡，周俭. 陈设规划快题设计方法与表现[M]. 北京：机械工业出版社，2011.

[29] 张伶伶，孟浩. 场地设计[M]. 北京：中国建筑工业出版社，1999.

[30] 王棋，宿圣云. 景观设计快速表达[M]. 北京：机械工业出版社，2008.